CORRELAÇÃO MAGNÉTICA

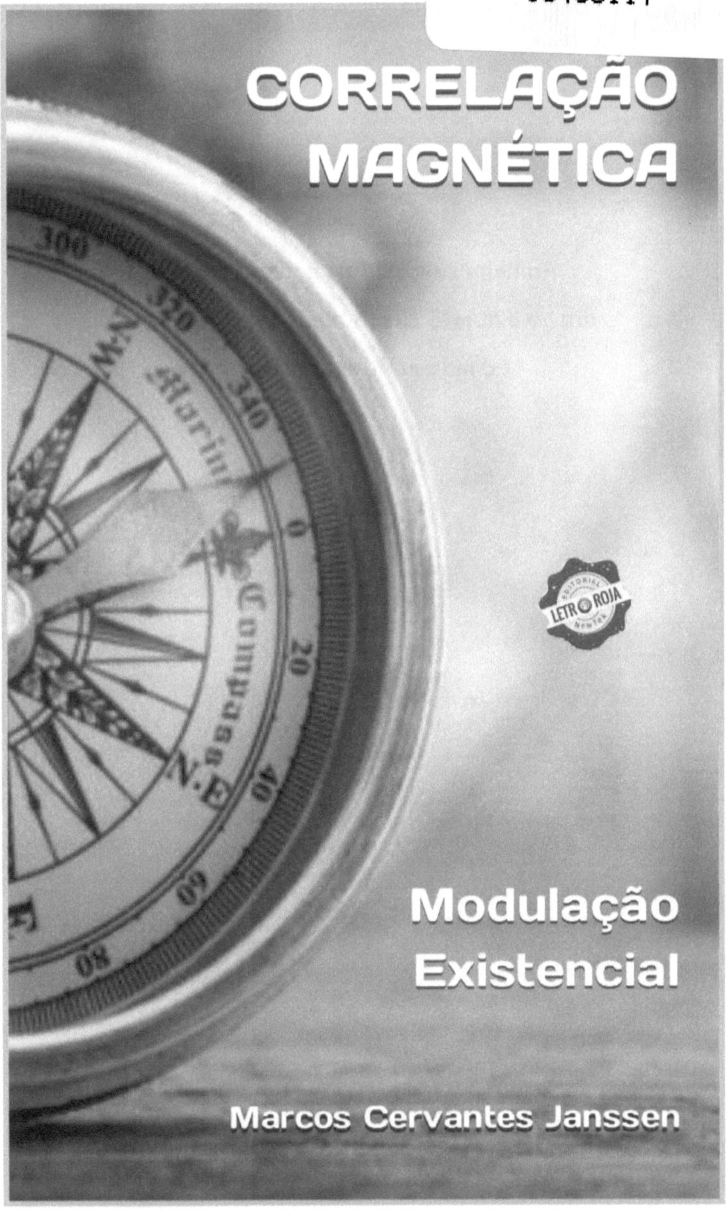

Modulação Existencial

Marcos Cervantes Janssen

Primeira edição: 7 de setembro de 2023

direito autoral© 2023 Marcos Cervantes Janssen

Editado por Editorial letr@roja

https://www.youtube.com/channel/UCQ12Xlt8oQOaWAhAiboXPUA

https://www.instagram.com/newtekjanssen/

https://www.facebook.com/LETRA3ROJA

https://www.newtek.janssen@gmail.com

https://twitter.com/Letra3Roja

https://newtekjanssen.es.tl/

letra3roja@gmail.com

CORRELAÇÃO MAGNÉTICA

Modulação Existencial

Por: Marcos Cervantes Janssen.

ÍNDICE:

PREFÁCIO:

A relação existencial espaço-energia só tem forma e circunstância devido à força magnética que a relaciona; É nisso que enfoca este escrito, e as contribuições colaterais serão de grande interesse para o estudo completo do tema.

Portanto, eu existo primeiro e por isso estou consciente quando penso.

A existência é o que inclui a individualidade relativa, na eternidade absoluta, um absurdo para a temporalidade, mais uma realidade do que teológica para a eternidade.

A polarização no magnetismo dá vida à expressão "Modulação Magnética". Sendo esta a forma que define a energia nela contida; Digamos que a mente de uma estrutura física é chamada de modulação magnética.

A correlação magnética de tudo o que habita esta existência é visível na constante cinética do movimento, e essa modulação é chamada de evolução, quando seus sistemas assumem formas mais eficientes através da cronologia existencial.

Obedecer a uma evolução progressiva é o que determina a correlação magnética como expansiva e inclusiva em tudo o que se manifesta.

Neste escrito discutiremos a natureza magnética da existência e sua modulação como uma consciência evolutiva dinâmica por isso convido você a prestar atenção na mensagem abstrata ediscernir com total liberdade. Procuraremos a correlação magnética que existe para modular a nossa existência, em níveis estudáveis e ao mesmo tempo não estudáveis, no âmbito da intuição criativa.

1 - A CORRELAÇÃO:

Correlação é uma medida estatística que indica a relação entre duas variáveis. É usado para determinar se existe um relacionamento entre dois conjuntos de dados e, em caso afirmativo, que tipo de relacionamento é (positivo, negativo ou nulo).

A correlação pode ser calculada utilizando diferentes métodos, como o coeficiente de correlação de Pearson ou o coeficiente de correlação de Spearman.

Em geral, quanto mais próximo o valor da correlação estiver de 1 ou -1, maior será a relação entre as variáveis, enquanto um valor próximo de 0 indica que não há relação entre elas.

A correlação magnética refere-se à relação entre o sinal magnético medido em uma imagem de ressonância magnética (MRI) e a estrutura anatômica do tecido.

O sinal magnético é produzido a partir da interação entre campos magnéticos e prótons no tecido.

A correlação magnética é utilizada na interpretação de imagens de ressonância magnética para identificar diferentes tipos de tecidos e estruturas anatômicas.

Por exemplo, a correlação magnética pode ajudar a identificar tumores ou lesões no cérebro ou em outros órgãos.

A correlação **neutra** Refere-se à ausência de relação entre duas variáveis. Ou seja, quando a correlação entre dois conjuntos de dados é próxima de zero, pode-se dizer que não existe uma relação significativa entre eles.

Isto pode ser útil em alguns casos, pois pode indicar que determinadas variáveis não estão relacionadas e, portanto, não precisam de ser consideradas em conjunto numa análise ou modelo.

A correlação negativa refere-se a uma relação inversa entre duas variáveis, o que significa que quando uma variável aumenta, a outra variável tende a diminuir.

Um exemplo de correlação negativa poderia ser a relação entre o tempo de sono e o nível de estresse.

Se existir uma forte correlação negativa entre estas duas variáveis, então é provável que as pessoas que dormem menos horasexperimentos níveis de estresse mais elevados.

A correlação positiva refere-se a uma relação direta entre duas variáveis.

Isso significa que quando uma variável aumenta, a outra também tende a aumentar, e quando uma variável diminui, a outra também tende a diminuir.

Em outras palavras, ambas as variáveis se movem na mesma direção.

Um exemplo de correlação positiva poderia ser a relação entre o número de horas de estudo e as notas obtidas em um exame: à medida que aumenta o número de horas de estudo, as notas obtidas também aumentam.

É desta forma que, sabendo o que significa correlação, entendemos na existência a importância de nos relacionarmos com aqueles que parecem ser totalmente contrários a nós.

É interessante como, em toda a nossa realidade, a matemática nos ajuda a compreender não apenas o mundo material, mas também o mundo emocional e mental em que vivemos.

2 - MAGNETISMO:

O magnetismo é uma força fundamental encontrada em todo o universo e é essencial para a compreensão de muitos fenômenos cósmicos.

O magnetismo está presente em estrelas, planetas, galáxias e outros objetos celestes.

Por exemplo, o campo magnético da Terra é o que nos protege da radiação solar e cósmica, enquanto nas estrelas o magnetismo pode gerar explosões solares e outros eventos violentos.

Além disso, os campos magnéticos também podem influenciar a formação e evolução de estruturas cósmicas, como galáxias e aglomerados de galáxias.

Em resumo, o magnetismo é uma força fundamental que desempenha um papel importante no universo e seu estudo é essencial para a compreensão de muitos fenômenos cósmicos, bem como da própria vida neste belo planeta.

Ora, num universo pensante e inteligente, a gravidade também tem um comportamento pessoal, assim através da psicologia podemos compreender a nossa existência de forma abrangente, e tornar-nos pessoalmente íntimos da existência em que habitamos, num conjunto infinito.

O termo "magnetismo psicológico" refere-se à capacidade de uma pessoa influenciar as emoções, pensamentos e comportamentos dos outros através da sua presença, linguagem corporal, habilidades de comunicação e outras técnicas psicológicas.

O magnetismo psicológico pode ser utilizado para estabelecer relações interpessoais saudáveis e eficazes, bem como para persuadir outras pessoas a adotarem determinada opinião ou comportamento.

No entanto, também pode ser utilizada de forma manipulativa ou abusiva, por isso é importante utilizar esta habilidade de forma responsável e ética.

Assim, o magnetismo é um fenômeno não apenas espacial ou físico, mas também psicológico, emocional e gerido em todas as áreas de estudo, sejam elas científicas ou mesmo esotéricas. A física quântica revela uma forte correlação entre o magnetismo científico e a vibração eletroespacial de nossos neurônios durante o pensamento. Este estudo é emocionante e poderoso.

3 - TECIDO NEURAL E ESPACIAL:

Nossos neurônios estão dispostos como um tecido altamente comunicativo, ou seja, com correlação direta, de natureza constante e flexível. Um forte fluxo de energia se reúne, através de forças finalmente conhecidas hoje, como um campo mental eletromagnético.

Este campo estrutural de dados energéticos ocorre fisicamente no ir e vir dos nossos neurotransmissores, gerando uma massa energética e uma realidade mental na qual habitamos, para nos desenvolvermos como verdadeiros humanos.

Destaco a tessitura espacial, com a sua enorme semelhança com a nossa mente, por partilharmos a mesma estrutura radicular, que é expansiva, e que parece não ter limite.

Da mesma forma que a mente humana evolui em expansão, os universos se expandem até o infinito e chamaremos este maravilhoso procedimento neste ensaio de modulação existencial. Pois bem, a fórmula definida e extraordinária que se executa para este fim será de dimensões incríveis e complexas.

A parte visível deste assuntopareceu claro e de ordem perfeita, mais a diversidade de formas infinitas será sempre um caos para a razão humana devido à sua complexidade, ainda que seja de uma eternidade perfeitamente ordenada.

Tomaremos a parte material e mental da existência como um tecido orgânico em evolução.

Tecido neural e espacial refere-se à organização e distribuição das células nervosas no cérebro e sua relação com as funções cognitivas e espaciais.

O tecido neural é composto por diferentes tipos de células nervosas, incluindo neurônios e células gliais, que trabalham juntas para processar informações e realizar funções cognitivas como memória, aprendizagem e percepção.

Já o tecido espacial refere-se à forma como o cérebro processa e representa as informações espaciais, como a localização de objetos no ambiente e a navegação.

Os tecidos neural e espacial estão intimamente relacionados e trabalham juntos para permitir o processamento de informações complexas e o desempenho de tarefas cognitivas complexas.

4 - TEMPO MAGNÉTICO:

Os tempos em que o magnetismo atua determinam a velocidade da evolução, o conceito tempo magnético Não é tratado, porém neste escrito darei uma interpretação pessoal, para a compreensão e estudo da relação magnética com a modulação. O magnetismo marca linhas estruturais que oscilam na conformação espacial, mas com o passar do tempo devemos observar seus movimentos e novas formações.

A estática só existe em tempos de períodos muito longos em relação aos demais. O tempo magnético define a modulação obtida em uma linha expansiva de luz, e as inclinações e diversidades de suas formas desempenham um papel eterno, denominado destino relativo.

O magnetismo ao longo do tempo refere-se à variação do campo magnético ao longo do tempo.

O campo magnético da Terra, por exemplo, sofreu alterações significativas ao longo da história geológica, e essas alterações podem ser detectadas e estudadas através de registros geológicos e paleomagnéticos.

Além disso, o magnetismo também pode ser usado para datar rochas e outros materiais geológicos através da técnica conhecida como datação por paleomagnetismo.

Em resumo, o magnetismo ao longo do tempo é um conceito importante em geologia e física, e o seu estudo pode fornecer informações valiosas sobre a história geológica e a evolução do nosso planeta.

4 - MODULAÇÃO MAGNÉTICA:

A modulação magnética é a forma que a matéria assume, através de linhas magnéticas predispostas por uma inteligência existencial que compõe tudo, todo movimento de energia no universo obedece a esta modulação, inclusive os pensamentos criativos de todos os seres envolvidos nesta ação maravilhosa.

A palavra "modulação" vem do conceito de "modelagem" e, da mesma forma, a energia elétrica é moldada em um número infinito de fluxos eletroespaciais conhecidos como matrizes magnéticas. Através deste processo de modulação magnética, a informação é transmitida e manipulada de forma eficiente, variando a amplitude do sinal magnético.

A essência da existência é a criação perpétua, baseada na transformação eterna, conhecida como evolução. Para a ciência, a modulação magnética é uma técnica de codificação de sinal utilizada na transmissão de dados.

Consiste em variar a amplitude de um sinal magnético de alta frequência para representar informação digital. A modulação magnética é usada em diversas aplicações, como gravação de fita magnética e comunicação de dados sem fio em sistemas de controle e automação industrial.

É interessante pensar como a energia e as linhas magnéticas podem ser vistas como uma forma de moldar a matéria e como tudo no universo está conectado através dessa modulação.

Também é verdade que evolução e transformação são conceitos

fundamentais na existência, por isso merecem o nosso estudo.

Entendamos o funcionamento neuronal como uma transferência eletrônica no espaço, sendo assim nossas mentes geradoras biológicas de altíssima precisão e atividade constante.

A responsabilidade é nossa, pois hoje sabemos que nossos pensamentos afetam o nosso entorno, a distância, frequência e potência, difere devido a múltiplos fatores internos ou externos de cada ser vivo deste grande grupo de seres pensantes.

Vamos cuidar dos periféricos de entrada, ouvidos, tato, paladar, olfato e visão, bem como da saída, boca, extremidades e acima de tudo comemorar com seus pensamentos.

6 - CORRELAÇÃO EXISTENCIAL:

Tudo e todos nesta existência têm em comum linhas energéticas que nos unem infinitamente, é então onde a forma responde a uma única mente em expansão.

Nossa missão como seres pensantes é sincronizar entre nós paraentão acorde continuamente à razão unificada do todo, é aqui que a liberdade individual termina com a sujeição existencial do fluxo evolutivo.

O único caminho em que tudo começa e termina ciclicamente é a própria natureza de existir em uma forma de vida infinitamente diversa na eternidade do caos ordenado, que sempre existiu criando os tempos como uma cronologia eterna em evolução.

Correlação existencial é um termo que se refere à interconexão e dependência mútua entre todas as formas de vida e natureza do planeta.

Esta ideia sugere que todas as formas de vida estão interligadas e que cada acção que tomamos afecta tudo o resto no mundo natural.

A correlação existencial é importante porque nos lembra que fazemos parte de um ecossistema maior e que as nossas ações têm consequências no mundo que nos rodeia.

É importante ter em conta esta interdependência na tomada de decisões e na atuação responsável e sustentável para o bem-estar do planeta e de todas as formas de vida que o habitam.

EPÍLOGO:

Correlação é uma medida estatística que indica a relação entre duas variáveis e é usada para determinar se existe uma relação entre dois conjuntos de dados e que tipo de relação é.

A correlação magnética refere-se à relação entre o sinal magnético medido em uma imagem de ressonância magnética e a estrutura anatômica do tecido, o que ajuda a identificar diferentes tipos de tecidos e estruturas anatômicas.

A modulação magnética é uma técnica de codificação de sinais utilizada na transmissão de dados e consiste em variar a amplitude de um sinal magnético de alta frequência para representar informações digitais.

A correlação neutra refere-se à ausência de relação entre duas variáveis, enquanto a correlação negativa refere-se a uma relação inversa entre duas variáveis.

Esses conceitos estão interligados e são aplicados em diversas áreas de estudo, como física, psicologia e medicina.

Depois disso, como informação importante, direi que a correlação magnética é de vital importância para uma modulação existencial, pois sem qualquer relação, as partículas existentes ficam isoladas e permanecem em repouso até fazerem parte de um sistema de vida em evolução.

Direi sem dúvida que existem apenas dois tipos de energia, a cinética e a estética, sendo a primeira a existência e a segunda a sua origem estática.

 COMO ENGENHEIRO DE TELECOMUNICAÇÕES, A CORRELAÇÃO ENTRE AS PARTÍCULAS, DENOTA NA MINHA VIDA UMA COMUNICAÇÃO CONSTANTE DA EXISTÊNCIA, NA MINHA EXPERIÊNCIA PESSOAL, GARANTO QUE SEUS PENSAMENTOS INFLUENCIAM E SÃO INFLUENCIADOS PELO TOTAL AO SEU REDOR, CONVIDO-O A ENTRAR EM COMUNHÃO EXISTENCIAL.